ISBN 978-3-662-23493-8 ISBN 978-3-662-25563-6 (eBook)
DOI 10.1007/978-3-662-25563-6

Die in den Sitzungsberichten Abtlg. I und Abtlg. II der math.-nat. Klasse der Österr. Ak. d. Wiss. erscheinenden Abhandlungen werden auch einzeln abgegeben. Sie können durch jede Buchhandlung oder direkt durch die Auslieferungsstelle der Österreichischen Akademie der Wissenschaften (Wien I, Singerstraße 12) bezogen werden.

Nachfolgende Abhandlungen aus dem Fach der **Zoologie** sind erschienen:

1959 (S I Bd. 168):

Löffler Heinz: Zur Limnologie. Entomostraken- und Rotatorienfauna des Seewinkelgebietes (Burgenland, Österreich) (mit 5 Textabbildungen und 4 Tafeln). S 60.20

Remaudière Georges: Zoologisch-systematische Ergebnisse der Studienreise von H. Janetschek und W. Steiner in die spanische Sierra Nevada 1954. XI. Homoptera, Aphidoidea (mit 12 Textabbildungen). S 9.70

Schubart Otto: Zoologisch-systematische Ergebnisse der Studienreise von H. Janetschek und W. Steiner in die spanische Sierra Nevada 1954. XII. Diplopoda (mit 9 Textabbildungen). S 16.50

Schuster Reinhart: Ökologisch-faunistische Untersuchungen an den bodenbewohnenden Kleinarthropoden (speziell Oribatiden) des Salzlachengebietes im Seewinkel (mit 6 Textabbildungen). S 45.40

Steiner Walter: Zoologisch-systematische Ergebnisse der Studienreise von H. Janetschek und W. Steiner in die spanische Sierra Nevada 1954. X. Springschwänze (Collembola) (mit 5 Textabbildungen). S 12.90

Wettstein-Westersheimb Otto: Die alpinen Erdmäuse. S 10.—

1960 (S I Bd. 169):

Abel W.: Biophysikalische Gesetzmäßigkeiten am Vogelei (Das Aktivstufengesetz und Energiegesetz) (mit 20 Abbildungen, davon 2 Abbildungen auf 1 Tafel). S 60.—

Nemenz H.: Experimente zur Ionenregulation der Larve von Ephydra cinerea Jones (Dipt.) (mit 7 Textabbildungen). S 20.30

Viets O. Kurt: Kleine Sammlungen von Wassermilben (Hydrachnellae und Porohalacaridae aus Österreich (mit 9 Textabbildungen). S 17.—

1961 (S I Bd. 170):

Abel E. F., Über die Beziehungen mariner Fische zu Hartbodenstrukturen (mit 5 Textabbildungen). S 170–24, S 47.–

Eiselt Josef, Neubeschreibungen und Revision siphonostomer Cyclopoiden (Copepoda, Crust.) von der südlichen Hemisphäre nebst Bemerkungen über die Familie Artotrogidae Brady 1880 (mit 18 Textabbildungen). S 170–29, S 82.–

Gozmány L., Zoologische Ergebnisse der Mazedonienreisen Friedrich Kasys. III. Teil: Lepidoptera: Gelechiidae. Eine neue Art der Gattung Eremica (mit 1 Textabbildung). S 170–28, S 5.–

Hannemann H. J., Zoologische Ergebnisse der Mazedonienreisen Friedrich Kasys. II. Teil: Lepidoptera: Scythridae (mit 4 Textabbildungen). S 170–27, S 8.–

Petrovitz Rudolf, Zoologische Ergebnisse der Österreichischen Karakorum-Expedition 1958. II. Teil: Coleoptera: Scarabaeidae (mit 12 Textabbildungen). S 170–5, S 17.90

Starmühlner Ferdinand, Eine kleine Molluskenausbeute aus Nord- und Ostiran (mit 1 Textabbildung und 2 Tafeln). S 170–4, S 14.70

Toll Sergiusz, Zoologische Ergebnisse der Mazedonienreisen Friedrich Kasys. I. Teil: Lepidoptera: Choleophoridae (mit 54 Textabbildungen und 1 Tafel). S 170–26, S 33.–

1962 (S I Bd. 171):

Beier Max, Zoologische Studien in West-Griechenland. X. Teil. Walter Klemm, Die Gehäuseschnecken (mit 1 Kartenskizze, 2 Abbildungen und 4 Tafeln) 171–7, S 55.–

Schedl Wolfgang Ein Beitrag zur Kenntnis der Pilzübertragungsweise bei xylomycetophagen Scolytiden (Coleoptera) (mit 16 Abbildungen) 171–19, S 39.–

Hydrozetes tridactylus n. sp., eine neue Art der Gattung Hydrozetes Berlese 1902 von Ägypten (Acari, Oribatei)

Von M. E. Abd-el-Hamid

Zoology Department, Faculty of Science, University of Alexandria

Mit 16 Abbildungen

(Vorgelegt in der Sitzung am 9. Oktober 1964)

Aus der Gattung *Hydrozetes* sind mir folgende Arten bekannt, von denen ich die Längen- und Breitenabmessungen angebe:

	Länge in μ	Breite in μ
H. confervae (Schrank, 1781)	500—540	300—340
H. lacustris (Michael, 1882)	457—547	298—346
H. lemnae (Coggi, 1899)	375—470	—
H. megacephalus (Berlese & Leonardi, 1901)	600	—
H. platensis Berlese, 1902	550	350
H. niloticus (Trägardh, 1905)	400	—
H. terrestris Berlese, 1910 (= *H. confervae* [Schrank, 1781])	550	300
H. edentulus Willman, 1931	480—540	330—375
H. tobaicus Willmann, 1931	450	285
H. thienemanni Strenzke, 1943 (= *H. incisus* Grandjean, 1948)	550	405
H. petrunkevitchi Newell, 1945	409—436	270—284
H. parisiensis Grandjean, 1948	450—510	—
H. vicarius Balogh, 1958	430—450	290—320
H. mollicoma Hammer, 1958	490	—
H. dimorphus Hammer, 1962	♀: 590—640	—
	♂: 680—700	—

Die Individuen der neuen Art erscheinen nach Behandlung mit Milchsäure gelbbraun und glänzend. Die Beine sind oft dunkler gefärbt, weil bei ihnen die Cuticula dicker ist. Die weiblichen sind nach 23 gemessenen Individuen 496—515 μ lang. Männchen wurden in der Aufsammlung leider nicht vorgefunden, weshalb sich die Beschreibung nur auf Weibchen bezieht. Der Habitus der Tiere ist kugelig, dorsal stark gewölbt, ventral flach und vorn etwas zugespitzt. Der Körper wird von einer dünnen Schicht eines Cerotegumonts bedeckt, das sich leicht nach Kochen in Milchsäure in wenigen Minuten ablösen läßt. Unter starker mikroskopischer Vergrößerung erkennt man ein unregelmäßiges hexa- bis pentagonales Netzwerk von Zellen, das aus feinen Granuli gebildet wird.

Das Propodosoma (Fig. 1) ist konisch im Umriß und mißt 128 μ Länge; das ovale Hysterosoma wies bei einem 496 μ großen Individuum 368 μ Länge auf. Die Trennungsfurche zwischen Propodosoma und Hysterosoma ist in der Mittellinie undeutlich. Das einschnittlose Rostrum (Ro) (Fig. 1 u. 2) trägt ein Paar

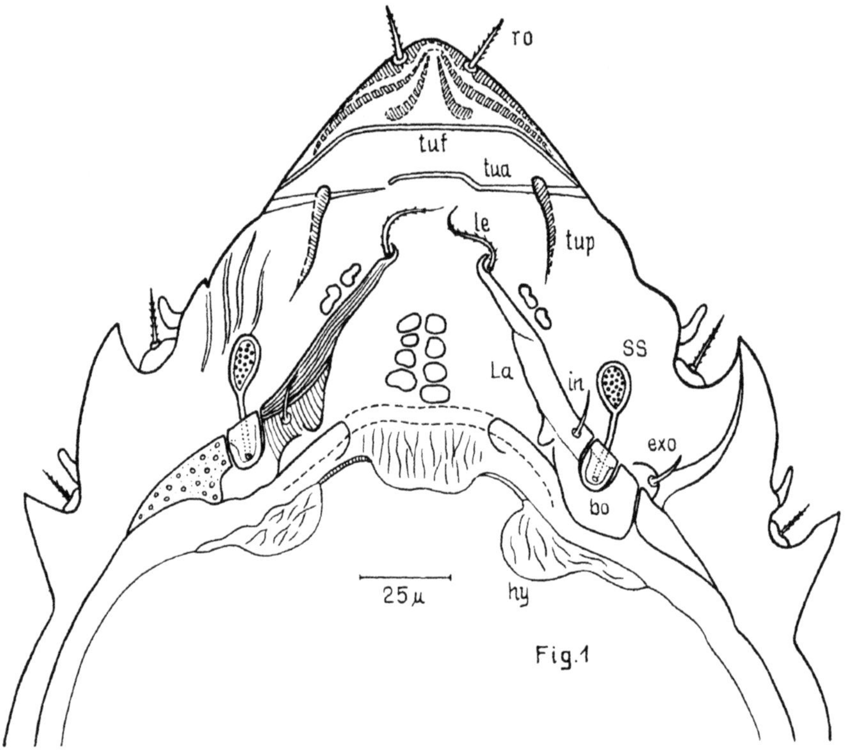

Fig. 1. *Hydrozetes tridactylus* n. sp. Prodorsum, Dorsalansicht.

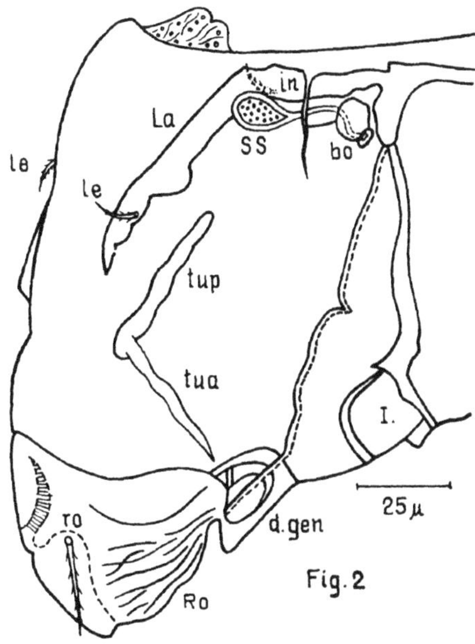

Fig. 2. *Hydrozetes tridactylus* n. sp. Prodorsum, Seitenansicht.

bedornte 12—16 μ lange Rostralborsten (ro), die nach ventral gebogen sind. In einem Abstand hinter den Rostralborsten kann man 2 transversale, gratartige Leisten erkennen, die sich beinahe berühren. Eine in der Längsrichtung verlaufende Leiste (tup) ist braun, stärker kuticularisiert und reicht über die Lamellenspitze hinaus (Fig. 1). Die Leisten (tua) und (tup) bilden zusammen eine T-förmige Struktur und einen stumpfen Zahn an der Stelle ihres Zusammentreffens. Zwischen (tua) und den Rostralborsten verläuft eine vollständige, gratartige Leiste (tuf) (Fig. 1), die außen in einem spitzen Winkel zum Propodosoma führt.

Die Lamellen (La) sind ca. 65 μ lang, stärker sklerotisiert, mit dunkelbraunen Längsrinnen versehen, die Spitzen nach vorne und außen gedreht. Die einwärts gedrehte Lamellarborste (le) (14—18 μ lang) entspringt knapp unterhalb der Lamellarspitze, die Interlamellarborste (in) liegt an der Lamellarbasis nahe dem Pseudostigma, sie ist dünn und 8—12 μ lang. Das becherförmige Bothridium (bo) befindet sich hinter der Lamellenbasis. Das pseudostigmatische Organ (SS) tritt als nicht reduzierter, ca. 39 μ langer, keulenförmiger Sensillus auf. Etwas nach außen zu erkennt man eine kurze, dünne Exobothridialborste (exo). Auf dem Propodosoma verlaufen noch kleine, vorne zusammengehende Kiele direkt vor den Acetabulae I und II (Fig. 1). Das Pedotectum I ist groß und gut entwickelt, während das Pedotectum II viel kleiner erscheint.

Der ovale Notogaster (Fig. 3) läßt an seinem Vorderrand eine große, helle Fläche („Ocular area“ nach NEWELL 1945) erkennen, die vorne flach und weiter hinten konvex ist. Seine dunkle, glänzende Cuticula ist besonders vorne seitlich mit kleinen Tuberkeln besetzt (vergleiche Fig. 3). 28—30 verschieden lange Borsten setzen am Notogaster an (Notogasteralformel: N: 14 (15), davon kann die c-Borste („les poils aléatoires“ nach GRANDJEAN 1948) manchmal fehlen (nur 5 der 23 Exemplare wiesen die volle Anzahl der Notogasterborsten auf). Diese Borsten sind zart und brechen leicht ab, von den c-Borsten kann die c_3 leicht gesehen werden, sie ist kürzer (40 µ) als die anderen. Die l- wie auch die d-Borsten erreichen eine Länge zwischen 65—78 µ, die ps-Borsten messen 40—50 µ, die h-Borsten ca. 55 µ Länge. Außerdem besitzt

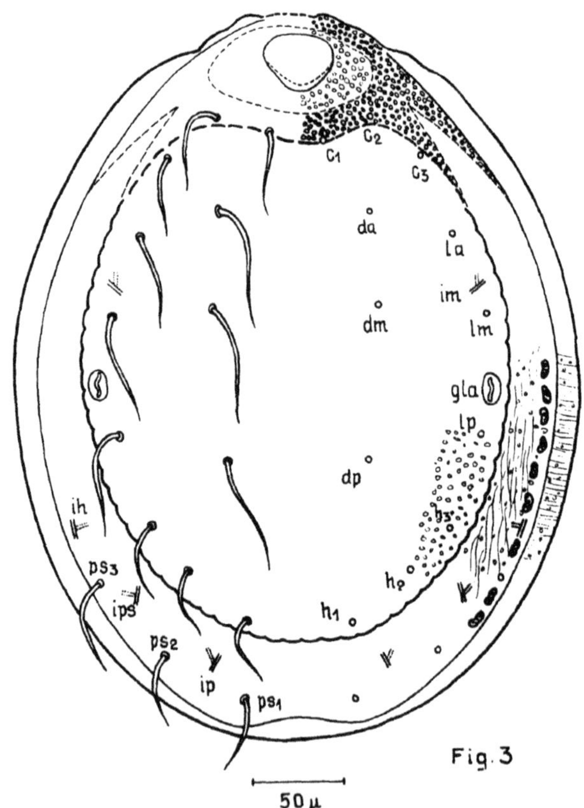

Fig. 3. *Hydrozetes tridactylus* n. sp. Notogaster, Dorsalansicht.

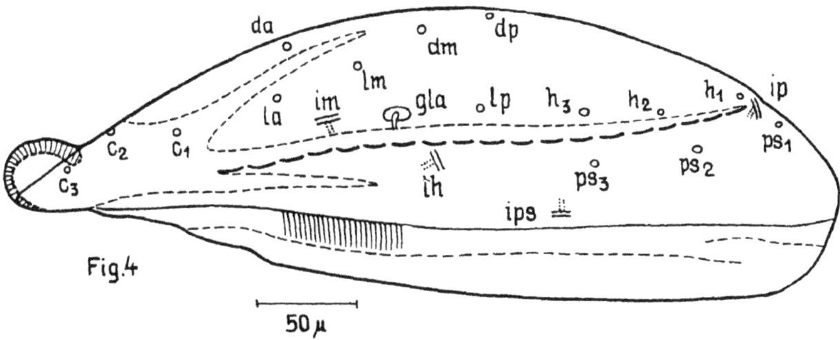

Fig. 4. *Hydrozetes tridactylus* n. sp. Notogaster, Seitenansicht.

der Notogaster noch 4 Paar Lyrifissuren, wobei ich bei keinem Exemplar die ia-Lyrifissur erkennen konnte. In Fig. 3 und 4 wird die Lage und Benennung der Notogasterborsten und Lyrifissuren wiedergegeben. An beiden Seiten des Notogasters zwischen lm- und lp-Borste befindet sich die lateroabdominale Drüse (gla).

Das Infracapitulum und die Chelicere sowie die Lage der verschiedenen Borsten auf beiden zeigen die Fig. 5 und 6. Der beweg-

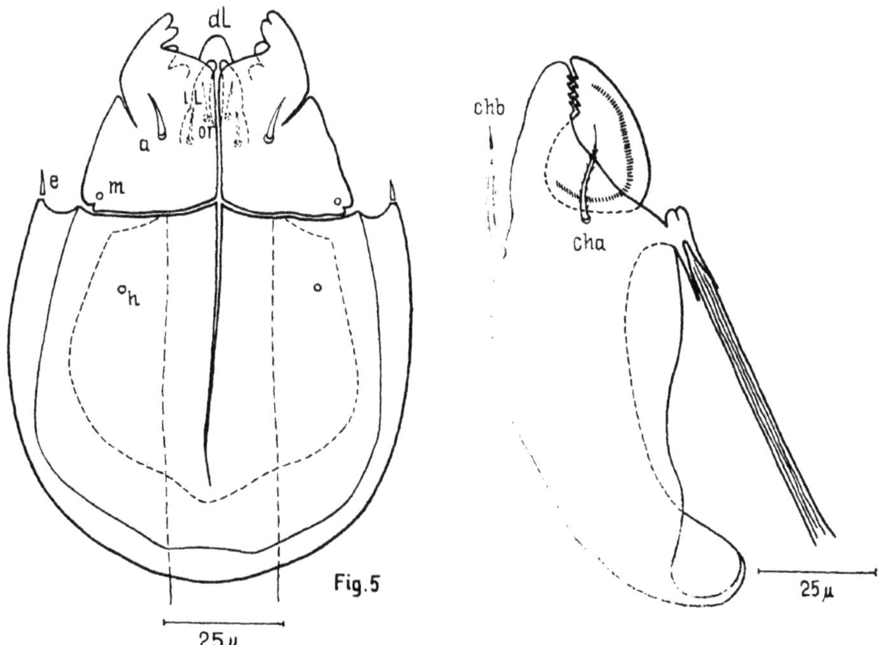

Fig. 5. *Hydrozetes tridactylus* n. sp. Infracapitulum, Ventralansicht.
Fig. 6. *Hydrozetes tridactylus* n. sp. Chelicere, Seitenansicht.

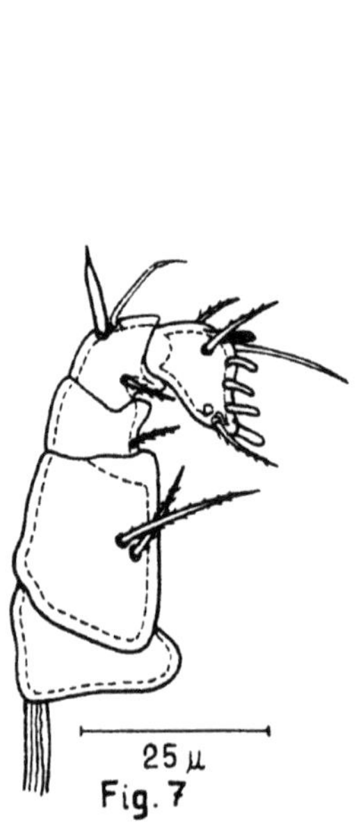

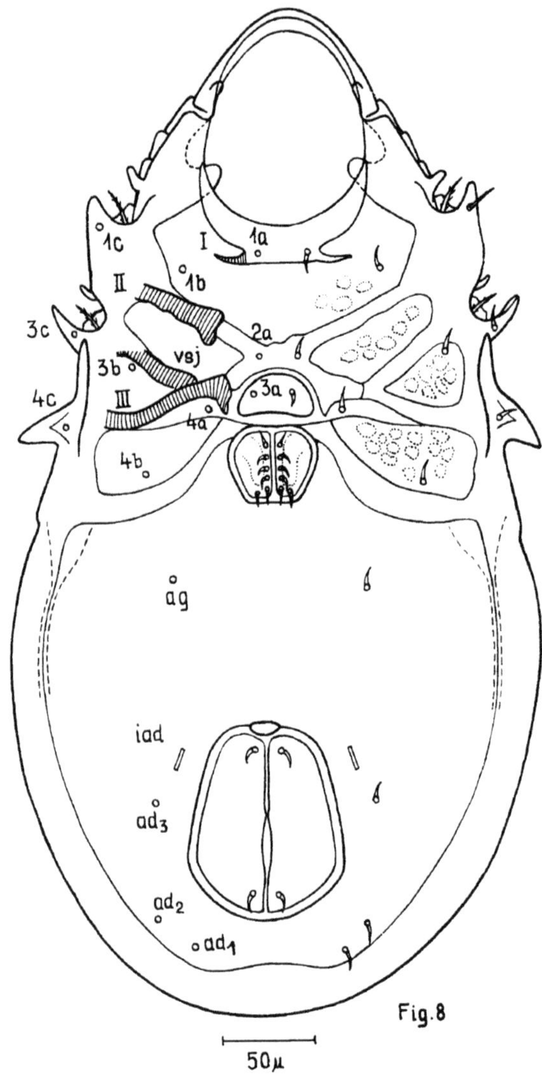

Fig. 7. *Hydrozetes tridactylus* n. sp. Palpus, Seitenansicht.
Fig. 8. *Hydrozetes tridactylus* n. sp. Ventralansicht.

liche, borstenlose wie der unbewegliche Teil der Chelicere trägt je 4—5 Postapicalzähne. Am unbeweglichen Chelicerenteil setzt am Außenrand eine bedornte Borste (chb) an, eine kleinere seitlich (cha). Der Maxillarrand weist 4 lappenartige Fortsätze auf, wovon die äußeren zwei ein Stück distaler liegen als die inneren zwei. Eine deutliche Dorsal- (dL) und zwei Laterallippen (lL) sind leicht erkennbar, letztere tragen je zwei kleine Adoralborsten (or). Der aus 5 Abschnitten zusammengesetzte Palpus (Fig. 7) hat die

Borstenformel (0—2—1—3—9), von denen die Anteroculminalborste (acm) die längste der Tarsusborsten ist.

In Fig. 8 sind die Borsten der Ventralseite in ihrer Lage und Benennung ersichtlich. Die Epimeralformel lautet: (3—1—3—3). Die Apodemae (I, II, vsj u. III) sind nur links eingezeichnet. Die Borsten sind kurz, schwach und brechen leicht ab, weshalb ich oft nur die Borstenbasen erkennen konnte. Die ventrale Cuticula des Tieres ist ebenfalls fein gekörnt, die Epimeren weisen unregelmäßige, nahezu runde Felder auf. Die Genital- und Analplatten sind weit voneinander getrennt und werden von einem Cuticularrand, der bei der Analplatte breiter ist, umgeben. Die Genitalplatte trägt 6 Borsten, davon sind 5 in einer Linie parallel zum Innenrand angeordnet, während die 6. Borste am Hinterrand neben der 5. zu liegen kommt. Die Analplatte ist mit je einer Borste am vorderen und je einer am hinteren Innenrand der Platte versehen. Von den 3 Adanalhaaren (ad_{1-3}) sitzt ad_3 ein Stück schräg hinter der Lyrifissur (iad). Ein Discidium ist vorhanden. Das Custodium wird repräsentiert durch einen dünnen, spitzen Zahn, der bis zum Pedotectum II reicht. Der Ovipositor (Fig. 9) ist durch seine großen Loben und die kleinen Setae charakterisiert, die die Lobenenden

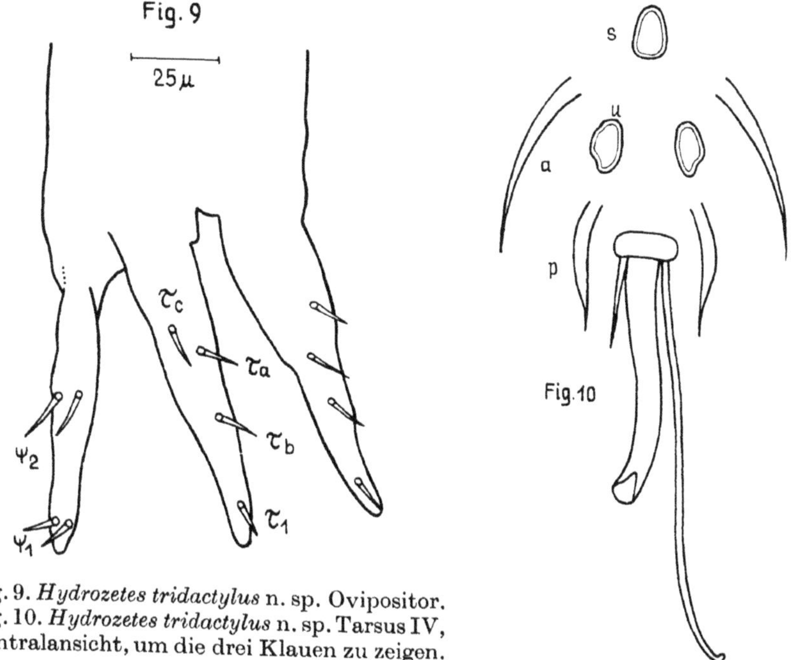

Fig. 9. *Hydrozetes tridactylus* n. sp. Ovipositor.
Fig. 10. *Hydrozetes tridactylus* n. sp. Tarsus IV, Ventralansicht, um die drei Klauen zu zeigen.

nicht überragen. 6 der insgesamt 18 Ovipositorsetae sind Kappalsetae (kv, kd u. kl).

Während die Beine I, II und III monodactyl sind, ist Bein IV tridactyl (Fig. 10); die mittlere Kralle ist die dickste, die paraxiale dünn und sehr lang, die antiaxiale dünn, kürzer als die anderen und mit deutlicher Spitze versehen. Das Längenverhältnis der drei Krallen liegt bei 1:3:5. Die Beine sind fein punktiert, ihre Form und Chaetotaxie zeigen Figs. 11—16. Die Trochanter III und IV haben eine kugelige Form und besitzen einen konischen Dorn und blattartige Anhänge an ihren Ventralseiten. Femur, Genu

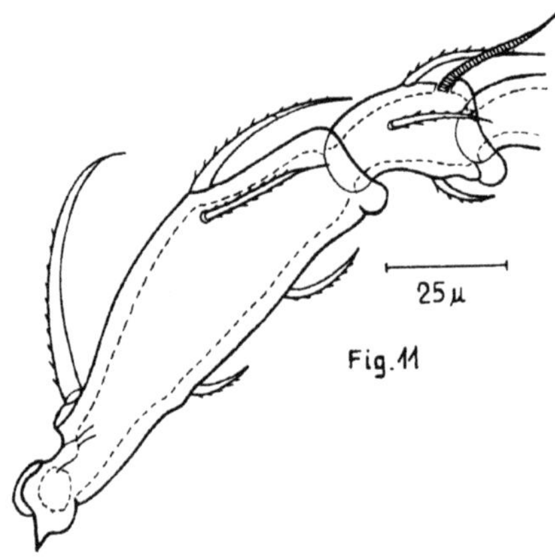

Fig. 11. *Hydrozetes tridactylus* n. sp. Bein I: Femur und Genu, Seitenansicht.

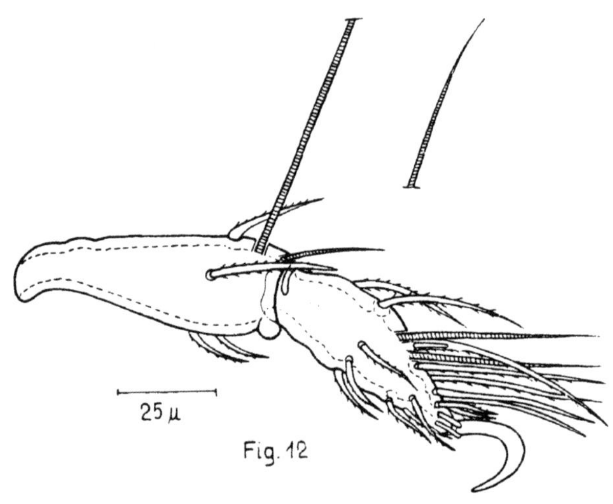

Fig. 12. *Hydrozetes tridactylus* n. sp. Bein I: Tibia und Tarsus, Seitenansicht.

und Tibia aller Beine weisen an ihren distalen Enden Lufträume auf, eine Erscheinung, die auf eine Erweiterung dieser distalen Enden zurückgeführt wird. Ich bin der Meinung, daß diese Luftsäcke das Phänomen des Schwebens in Wasser (NEWELL, 1945) durch Herabsetzung der Dichte des Tieres erklären kann, weshalb die Tiere auch an der Wasseroberfläche treiben können. Die Tibien der Beine II, III und IV zeigen am distalen Ende dorsal einen kleinen Dorn, der bei der Tibia von Bein I fehlt, vielleicht in Anbetracht des Vorhandenseins der 4-Solenidia. Den Tarsen aller Beine fehlen deutliche Fortsätze an den Krallenbasen.

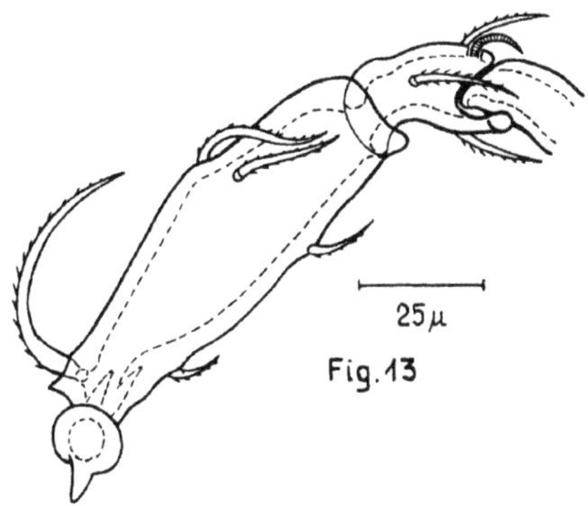

Fig. 13. *Hydrozetes tridactylus* n. sp. Bein II: Femur und Genu, Seitenansicht.

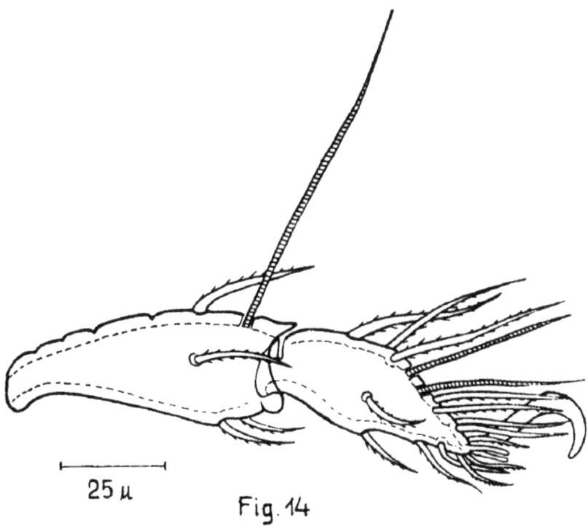

Fig. 14. *Hydrozetes tridactylus* n. sp. Bein II: Tibia und Tarsus, Seitenansicht.

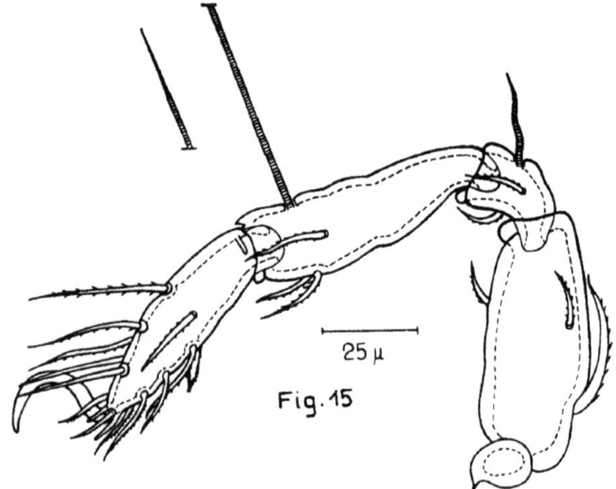

Fig. 15. *Hydrozetes tridactylus* n. sp. Bein III, Seitenansicht.

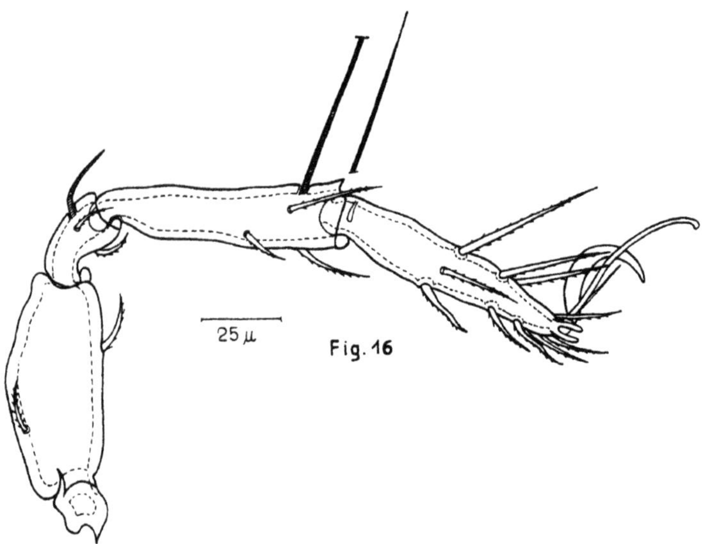

Fig. 16. *Hydrozetes tridactylus* n. sp. Bein IV, Seitenansicht.

Es folgen die Borstenformeln für die einzelnen Beine:

Bein I: (0—5—3—4—18—1)
Bein II: (0—5—3—4—16—1)
Bein III: (2—3—2—3—15—1)
Bein IV: (1—2(3)—2—3—12—3)

Die dazugehörigen Solenidien sind folgendermaßen verteilt:
Bein I: (1—2—2)
Bein II: (1—1—2)
Bein III: (1—1—0)
Bein IV: (1—1—0)

Außerdem werden noch die Abmessungen in Mikron der einzelnen Beinabschnitte sowie die Totallängen der einzelnen Beine angegeben:

	Trochanter	Femur	Genu	Tibia	Tarsus	Total
Bein I:	—	120	32	96	80	328
Bein II:	—	112	32	76	80	300
Bein III:	48	80	32	76	80	316
Bein IV:	60	88	32	93,5	88	361,5

Die Längenabmessungen der Solenidia und des Famulus sind in Mikron wie folgt:

<table>
<tr><th></th><th></th><th colspan="2">φ</th><th></th><th></th><th></th></tr>
<tr><th></th><th>σ</th><th>φ_1</th><th>φ_2</th><th>ω_1</th><th>ω_2</th><th>ε</th></tr>
<tr><td>Bein I:</td><td>26</td><td>110</td><td>29</td><td>42</td><td>42</td><td>12</td></tr>
<tr><td>Bein II:</td><td>12</td><td colspan="2">84</td><td>42</td><td>42</td><td>—</td></tr>
<tr><td>Bein III:</td><td>28</td><td colspan="2">108</td><td>—</td><td>—</td><td>—</td></tr>
<tr><td>Bein IV:</td><td>26</td><td colspan="2">136,5</td><td>—</td><td>—</td><td>—</td></tr>
</table>

Fundort: Ägypten, Oase Fayum, Kom Oschim, Streu aus halbfeuchtem Schilfbestand, 1. V. 1956, leg. Prof. Dr. KÜHNELT.

Diskussion:

Die Exemplare dieser neuen Art zeigen die charakteristischen Gattungsmerkmale. Nach dem Artenschlüssel von GRANDJEAN (1948) steht diese neue Art nahe *Hydrozetes confervae* (SCHRANK, 1781), wie sie in den Publikationen jüngerer Autoren dargestellt wird. Merkmale der neuen *Hydrozetes*-Art werden auf der folgenden Tabelle mit denen von *H. confervae* verglichen. Die Unterschiede bestehen hauptsächlich in der Struktur des Propodosomas, der Anzahl und Struktur der Notogasterborsten, dem Vorhandensein von Luftsäcken in drei Beinabschnitten aller Beine und dem Vorhandensein von **3** Krallen am Tarsus IV.

Hydrozetes tridactylus n. sp. unterscheidet sich deutlich von den anfangs angeführten Arten, doch scheint ein Vergleich mit *H. niloticus* (TRÄGARDH, 1905) von Interesse zu sein, weil beide Arten in Ägypten in der Nähe des Nils gefunden wurden. TRÄGARDH erwähnt 1905 (p. 124), daß seine Exemplare den Arten *confervae* (SCHRANK, 1781) und *lacustris* (MICHAEL, 1882) nahestehen. Leider gibt TRÄGARDH von *niloticus* keine Abbildungen, und so gebe ich im Folgenden beschriebene Merkmale wieder:

Hydrozetes confervae (Schrank 1781)

	Oudemans 1896	Chinaglia 1917	Grandjean 1948	Strenzke 1955	Hydrozetes tridactylus n. sp.
Länge in μ	471 – 529	500 – 540	450 – 560	624 – 680	496 – 515
Breite in μ	297 – 355	300 – 340	nicht angegeben	425 – 474	304 – 320
Sensillus	proximal spulenförmig, distal filiform	birnenförmig bis kugelig mit zugespitztem Ende (25 – 30 μ)	normal, keulenförmig	nicht angegeben	deutlich keulenförmig (39 μ)
Lamellarborste	zwischen den Vorderenden der Lamelle gelegen	außerhalb der Lamellenvorderenden gelegen	nicht angegeben	nicht angegeben	entspringt knapp unterhalb der Lamellarspitze
Notogaster	weist 9 Paar Dermalpori mit je einer kleifnen Borste auf, 2 lange Borsten am Hinterende, 2 ovale Strukturen	weist 28 Borsten auf, von denen die hinteren 2 lang sind	26 Notogasterborsten, keine Neotrichen-Borsten vorhanden	es sind 32 Notogasterborsten vorhanden	mit 28 – 30 Notogasterborsten, die ziemlich lang und zart sind; vorne sind keine langen Borsten zu sehen; mit 4 Paar Lyrifissuren und 2 Latero-abdominal-Drüsen
Femur, Genu und Tibia von allen 4 Beinpaaren	Fig. 2, Taf. 10, läßt keine Luftsäcke an den Beinabschnitten erkennen	Fig. 1, p. 348, zeigt keine Luftsäcke an den Beinabschnitten	nicht angegeben	nicht angegeben	mit leicht erkennbaren Luftsäcken
Tarsus IV	mit 1 Kralle	mit 1 Kralle	manchmal mit 2 Krallen	nicht angegeben	mit 3 Klauen

0,4 mm Länge wie *Hydrozetes confervae*, die Lamellen tragen an ihren Enden keine Borsten, die pseudostigmatischen Organe werden vom Vordergrund des Hysterosomas überdeckt, letzteres weist nur 2 Paar Borsten an seinem Hinterrande auf, die Beine haben nur eine Kralle.

In einigen Merkmalen stimmt *H. tridactylus* mit *H. mollicoma* HAMMER 1958 überein, doch ergeben sich folgende Unterschiede zu letzterer Art: Die gratartigen Leisten vorne am Propodosoma treffen beinahe aufeinander, die Lamellen sind an der Basis breiter (vgl. HAMMER 1958 pp. 63—64 und Fig. 73, Pl. XVIII), die „ocular area" von NEWELL (1945) ist vorne nicht konkav, die Anzahl der Notogasterborsten ist verschieden, es sind Luftsäcke in den Beinen vorhanden, die Tarsen von tridactylus weisen an keiner Krallenseite einen dicken, groben Dorn auf, nur Tarsus IV hat neben der Hauptkralle noch zwei weitere.

An dieser Stelle möchte ich nicht vergessen, Herrn Prof. Dr. W. KÜHNELT und Herrn Dr. E. PIFFL, beide von der Universität Wien, für ihre wertvollen Hinweise und die Durchsicht dieser Arbeit meinen herzlichen Dank auszusprechen.

Schrifttum

BALOGH, J., 1958: Oribatides nouvelles de l'Afrique tropicale. Rev. Zool. Bot. Afr., 58 (1—2): 1—34.

— 1961: Identification keys of world Oribatid (Acari) families and genera. Acta Zool. Ac. Sci. Hung., 7: 243—344.

BERLESE, A. & LEONARDI G., 1901: Acari sudamericani. Zool. Anz., 25: 12—18.

BERLESE, A., 1902: Specie di Acari nouvi. Zool. Anz., vol. 25: 697—700.

— 1910: Liste di nouve specie e nouvi generi di Acari. Redia, 6: 242—271.

CHINAGLIA, L., 1917: Revisione del gen. „Hydrozetes" Berl. Redia 12: 343—359, figs. 1—7.

COGGI, C., 1899: Una nouva specie di Oribatide (Notaspis lemnae), in: Prospetto dell'Acarofauna italiana, vol. 8, pp. 916—921, Padova.

GRANDJEAN, F., 1947: Observations sur les Oribates (18e série). Bull. Mus. Hist. Nat. Paris, (2), 19: 395—402, figs. 1—3.

— 1948: Sur les Hydrozetes (Acari) de l'Europe occidentale. Ibid., (2), 20: 328—335, figs. 1—3.

— 1949: Sur le genre Hydrozetes Berl. Ibid., (2), 21: 224—231.

— 1951: Comparaison du genre Limnozetes au genre Hydrozetes (Oribates). Ibid., (2), 23: 200—207, I textfig.

— 1961: Nouvelles observations sur les Oribates (1re série). Acarologia, 3 (2): 206—231.

HAMMER, M., 1958: Investigations on the Oribatid Fauna of the Andes Mountains. I. The Argentine and Bolivia. Biol. Skr. Dan. Vid. Selsk. 10: 1—129.

HAMMER, M., 1962: Investigations on the Oribatid Fauna of the Andes Mountains.IV. Patagonia. Ibid., 13 (3): 1—37.

MICHAEL, A. D., 1882: Further Notes on British Oribatidae. Journ. Roy. Micr. Soc. (2), 2: 1—18, pls. 1—2.

NEWELL, I. M., 1945: Hydrozetes Berlese (Acari, Oribatidae): The occurrence of the genus in North America and the phenomenon of levitation. Trans. Conn. Acad. Sci., 36: 253—275.

OUDEMANS, A. C., 1896: Notes on Acari. Tijdschr. Ent. vol. 39, pp. 175—187, pl. X, figs. 1—23.

— 1900: New list of dutch Acari, Ist Part. Ibid., vol. 43, pp. 150—171, pl. 9, figs. 1—7.

— 1917: Notizen über Acari (Trombidiidae, Oribatidae, Phthiracaridae), 25. Reihe. Arch. Naturg., vol. 82, A 6, pp. 1—84, figs. 1—132.

SCHRANK, F. P., 1781: Enumeratio insectorum Austriae Augustae Vindelicorum, 524ff.

SELLNICK, M., 1928: Formenkreis Hornmilben, Oribatei; in: P. Brohmer, Die Tierwelt Mitteleuropas, vol. 3 (4), art. 9, pp. 1—42, 91 figs.

STRENZKE, K., 1943: Beiträge zur Systematik landlebender Milben. I/II. Arch. Hydrobiol. 40: 57—70, pp. 57—66, figs. 1—16.

— 1955: Oribates (Acariens). Expeditions polaires Françaises. Missions Paul Emile Victor. VII. Microfauna du sol de l'eqe Groenland. 1 Arachnides, pp. 14—84.

TRÄGARDH, I., 1904: Acariden aus Ägypten und Sudan. Results of the Swed. Zool. Exp. to Egypt and the White Nile 1901 under the Direction of L. A. Jägerskiöld. Nr. 20, 1. Teil: 1—124.

WILLMANN, C., 1931: Oribatei (Acari), gesammelt von der Deutschen Limnologischen Sunda-Expedition. Arch. Hydrobiol. Suppl. 9 „Tropische Binnengewässer“, vol. 12: 240—305.

— 1931: Oribatiden aus dem Moosebruch. Arch. Hydrobiol. 23 (3): 333—347, 12 figs.

WOLCOTT, R. H., 1918: Water Mites (Hydracarina). In Ward and Whipple, Fresh Water Biology, pp. 851—875. John Wiley and Sons, New York.

Die in den Sitzungsberichten Abtlg. I und Abtlg. II der math.-nat. Klasse der Österr. Ak. d. Wiss. erscheinenden Abhandlungen werden auch einzeln abgegeben. Sie können durch jede Buchhandlung oder direkt durch die Auslieferungsstelle der Österreichischen Akademie der Wissenschaften (Wien I, Singerstraße 12) bezogen werden.

Nachfolgende Abhandlungen aus dem Fache **Botanik** (Biologie) sind erschienen:

1957 (S I Bd. 166):

Politis J.: Über die „Tanninoplasten" oder Gerbstoffbildner der Crassulaceae (mit 2 Textabbildungen und 1 Tafel). S 6.—

Politis J.: Über einen neuen Pflanzenfarbstoff in den Blüten einiger Verbascum-Arten (mit 2 Tafeln). S 5.20

Übeleis Ilse: Osmotischer Wert, Zucker- und Harnstoffpermeabilität einiger Diatomeen (mit 1 Textabbildung). S 30.40

1958 (S I Bd. 167):

Höfler Karl: Permeabilitätsstudien an Parenchymzellen der Blattrippe von Blechnum spicant (mit 5 Textabbildungen). S 45.—

Rechinger K. H., Dulfer H. und Patzak A.: Širjaevii fragmenta astragalogica IV. S 38.10

Url Walter: Zur Wirkung der Atmungsgifte Natriumazid und Dinitrophenol auf die Permeabilität von Blechnum spicant-Zellen (mit 3 Textabbildungen). S 25.—

Wawrik Friederike: Hochgebirgs-Kleingewässer im Arlberggebiet III (mit 3 Textabbildungen und 1 Tafel). S 18.90

1959 (S I Bd. 168):

Biebl Richard: Röntgenstrahlenwirkungen auf Commelinaceenstecklinge (Total- und Partialbestrahlungen) (mit 9 Tabellen und 5 Textabbildungen). S 31.20

Höfler Karl: Über die Gollinger Kalkmoosvereine (mit 1 Textabbildung und 1 Tafel). S 34.50

Höfler Karl und Fetzmann Elsa Leonore: Algen-Kleingesellschaften des Salzlackengebietes am Neusiedler See I (mit 1 Tafel). S 21.50

Hustedt Friedrich: Die Diatomeenflora des Salzlackengebietes im österreichischen Burgenland (mit 31 Textabbildungen und 1 Tafel). S 53.90

Luhan Maria: Zur Wurzelanatomie unserer Alpenpflanzen. IV. Compositae (mit 9 Textabbildungen und 4 Tafeln). S 36.90

Pfoser Karl: Vergleichende Versuche über Verholzungsreaktionen und Fluoreszenz (mit 2 Textabbildungen und 2 Tafeln). S 18.70

Rechinger K. H., Dulfer H. und Patzak A.: Širjaevii fragmenta astragalogica. S 29.40

Wendelberger Gustav: Die Vegetation des Neusiedler See-Gebietes. S 7.20

1960 (S I Bd. 169):

Bolay Erika: Die Vitalfärbung voller Zellsäfte und ihre cytochemische Interpretation (mit einer Textabbildung und 5 Tafeln). S 49.—

Ehrendorfer F.: Neufassung der Sektion Lepto-Galium Lange und Beschreibung neuer Arten und Kombinationen (zur Phylogenie der Gattung Galium, VII). S 12.—

Franz Gertrude: Die Mikroflora einiger Standorte im Leithagebirge in ihrer Abhängigkeit von Boden und Vegetationsdecke (mit 22 Textabbildungen). S 88.—

Pruzsinszky S.: Über Trocken- und Feuchtluftresistenz des Pollens (mit 12 Abbildungen auf 6 Tafeln). S 63.40

1961 (S I Bd. 170):

Fetzmann Elsalore, Vegetationsstudien im Tanner Moor (Mühlviertel, Oberösterreich) (mit 2 Textabbildungen und 2 Tafeln). S 170–3, S 23.–

Pruzsinszky Siegfried und Url Walter, Ein Beitrag zur Desmidiaceenflora des Lungaues. S 170–1, S 9.–

Rechinger K. H., Dufler H. und Patzak A., Širjaevii fragmenta astragalogica XIII. bis XVII. Teil. S 170–2, S 56.–

1962 (S I Bd. 171):

Niklfeld Harald, Über die Pflanzengesellschaften der Fels- und Mauerspalten Südfrankreichs (mit 1 Textabbildung und 1 Falttabelle) 171–23, S 52.–

Url Walter, Permeabilitätsversuche an Stengelepidermiszellen von Gentiana germanica und Gentiana ciliata (mit 3 Textabbildungen) 171–16, S 40.–

www.ingramcontent.com/pod-product-compliance
Ingram Content Group UK Ltd.
Pitfield, Milton Keynes, MK11 3LW, UK
UKHW021926190726
13853UKWH00002B/881